BEI GRIN MACHT SICH IHR WISSEN BEZAHLT

- Wir veröffentlichen Ihre Hausarbeit,
  Bachelor- und Masterarbeit

- Ihr eigenes eBook und Buch -
  weltweit in allen wichtigen Shops

- Verdienen Sie an jedem Verkauf

Jetzt bei www.GRIN.com hochladen und kostenlos publizieren

Katrin O.

Exkursionsbericht Landeskunde Hohenlohe

GRIN Verlag

Bibliografische Information der Deutschen Nationalbibliothek:

Die Deutsche Bibliothek verzeichnet diese Publikation in der Deutschen National-
bibliografie; detaillierte bibliografische Daten sind im Internet über http://dnb.d-
nb.de/ abrufbar.

Impressum:

Copyright © 2011 GRIN Verlag GmbH
Druck und Bindung: Books on Demand GmbH, Norderstedt Germany
ISBN: 978-3-656-07984-2

Routenverlauf Ludwigsburg (A81) – Weinsberger Kreuz (auf A6) – Öhringen – Waldenburg – Schwäbisch Hall – Künzelsau – Ingelfingen – Krautheim - Forchtenberg – Öhringen (A6) – Weinsberger Kreuz (A 81) – Ludwigsburg

Routenskizze   Quelle: Google Maps; verändert durch: Katrin Oberster

Standorte

1. Waldenburg

2. Schwäbisch Hall

3. Künzelsau

4. Ingelfingen

5. Krautheim

Inhaltsverzeichnis

1. Grundsätzliches zur geographischen Lage der Hohenloher Ebene

Auf dem Weg von Ludwigsburg nach Waldenburg führt uns unsere Fahrt auf der Autobahn A6 bereits entlang einer gut sichtbaren Schichtstufe, die sich in einem größeren Zusammenhang den Keuperwaldbergen zuordnen lässt. An dieser Stelle soll auch die dortige Hangnutzung kurz beschrieben werden, wobei deutlich zu erkennen war, dass die der Sonne zugewandten Hänge für den Weinanbau genutzt werden, während die der Sonne abgewandten Seiten stark bewaldet sind und kaum wirtschaftlich genutzt werden können.

Bei Öhringen öffnet sich dann ein so genanntes „geographisches Fenster", durch das bereits einige Schichtlagen des Südwestdeutschen Schichtstufenlandes auszumachen sind. Nach ersten Einschätzungen müsste es sich bei dem Anschnitt um Muschelkalk und Lettenkeuper handeln. Ein Blick auf das geographische Blockbild der Hohenloher Ebene bestätigt diese Annahme, da auf Höhe der Autobahn die eben genannten Schichten anstehen dürften.[1]

Im Folgenden sollen kurz die angesprochene Schichtenfolge aufgezeigt werden, da sie für die weiteren Ausführungen zur Exkursion grundlegend ist:

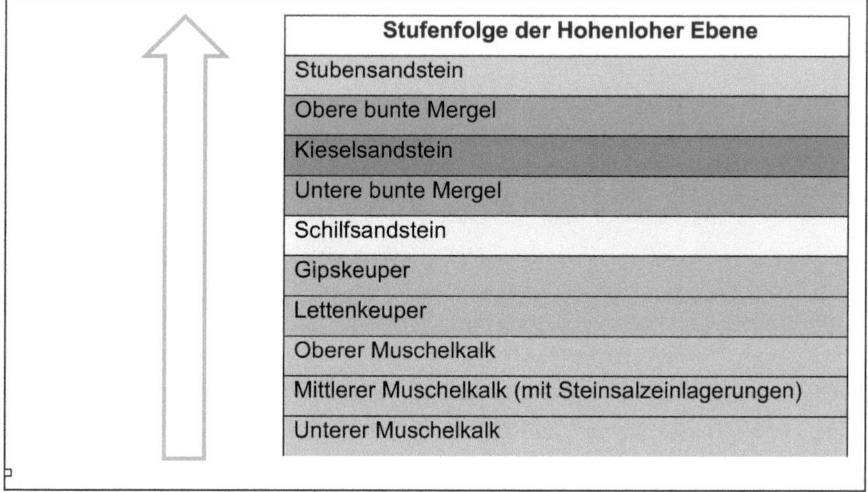

Abb. 1: Stufenfolge der Hohenloher Ebene

---

[1] Vgl. Burkhardt (u.a.) (1998), S.227.

2. Standort: Waldenburg

2.1 Die Stadt und ihre Geschichte

In Waldenburg angekommen, imponiert der großartige Ausblick über die Hohenloher Ebene, den man von der großen Festungsanlagen der Stadt aus genießen kann. Waldenburg besitzt eine außergewöhnliche Spornlage, die nur noch eine sehr schmale Verbindung zur Hauptstufe, der Kieselsandsteinstufe, aufweist. Die mittelalterliche Stadtanlage mit Schloss ist noch gut erhalten und lässt vermuten, dass Waldenburg einst ein optimaler Herrscherstandort gewesen sein muss.[2]

Abb. 2: Waldenburg mit Stadtanalage

Von der Toranlage aus schweift der Blick über auf die anderen Sporne, die etwas nördlicher gelegen sind. An dieser Stelle fällt auch die starke Zerfurchung und Erosion der Landschaft auf, durch die die Vorsprünge erst entstanden sind.

Das Alter von Waldenburg lässt sich durch besondere architektonische Merkmale der Stadt vermuten. Neben der zentral gelegenen Kirche weist auch die Verwendung von so genannten Buckelquadern auf die Staufferzeit hin. Die Zeit vom 12. bis ins 13. Jahrhundert, die von dem württembergischen Adelsgeschlecht erheblich mitbesttimt wurde, lässt sich als entscheidende Phase der Städtegründung bestimmen.

---

[2] Vgl. Bauer (1986), S.125.

Tatsächlich wurde die Burg 1253 das erste Mal urkundlich erwähnt und entwickelte sich im 13. und 14. Jahrhundert zu einer Stadt, die mit der hohenlohischen Landesteilung 1553 zur Residenz der Grafen und späteren Fürsten von Hohenlohe-Waldenburg wurde.[3] Typisch für diese Zeit war auch die Verwendung der anstehenden Gesteinsschichten als Baumaterialien. Davon zeugen verschiedene Gebäude, die aus lokalem Schilfsandstein und Stubensandstein aus den benachbarten Keuperbergen errichtet wurden.

Warum gerade an dieser Stelle im Mittelalter eine Burg gebaut wurde, lässt sich anhand verschiedener Merkmale beantworten: Wie oben kurz angeschnitten, bietet die Spornlage einerseits einen guten Ausblick, bei dem die Herrscher nahende Feinde frühzeitig bemerken und auch wichtige Handelsrouten (z.B. in Richtung Nürnberg), die entlang der Keuperschichtstufe verliefen, in gewissem Maße kontrollieren und nutzen konnten. Andererseits befindet sich der Burgstandort an einer naturräumlichen Grenze, die für den Austausch und Handel zwischen den einzelnen Landräumen von großer strategischer und logistischer Bedeutung gewesen sein muss.

Von unserem Standpunkt an der Stadtmauer aus können neben den städtischen Aspekten auch noch verschiedene andere Themen betrachtet werden: Neben den geologischen und morphologischen Eindrücken gilt es nun auch die Flächennutzung sowie die verschiedenartige Siedlungsstrukturen auszumachen und zu charakterisieren.

2.2 Geologie und Morphologie

Die Hohenloher Ebene ist ein Teil des Südwestdeutschen Schichtstufenlands und gehört zur Triaslandschaft. Das sanft gewellte Relief der Ebene ist durch die lineare Erosion der Fließgewässer Kocher und Jagst stark zerlappt und zerfurcht. Die Wechsellagerung von härteren und weicheren Gesteinsschichten führt zu einer unterschiedlich starken Abtragung der Schichten und lässt enge Taleinschnitte entstehen. Die drei Hauptstufen werden durch die Sandsteinschichten gebildet. Besonders die Mergel-Schichten unter dem Kieselsandstein lassen sich dabei

---

[3] Vgl. Bauer (u.a.) (1986), S.125.

leichter ausräumen. Die Waldenburger Berge bilden eine Kette von Zeugenbergen und prägen das Landschaftsbild. [4]

Betrachtet man einen geologischen Aufriss, wird der anstehende Muschelkalk noch von dünneren Lettenkeuperschichten bedeckt.[5]

2.3 Flächennutzung

Die Flächennutzung der Hohenloher Ebene wird heute in erster Linie durch Industrie und Gewerbe bestimmt. Trotzdem spielt auch die landwirtschaftliche Nutzung der Ebene nach wie vor eine wichtige Rolle.

Abb. 3: Blick auf die Hohenloher Ebene

<u>Landwirtschaftliche Nutzung</u>

Vom Aussichtspunkt aus lassen sich mit Blick auf die Ebene vor allem Ackerbaukulturen und Anbauprodukte wie Getreide (z.B. Weizen, Gerste, Hafer, Mais) und Sonderkulturen (z.B. Sonnenblumen) ausmachen. Im Hangbereich befinden sich im Gegensatz dazu eher Weide- und Grünland. Eine intensive agrarwirtschaftliche Nutzung der Fläche lässt auf einen sehr fruchtbaren Boden und günstige klimatische Bedingungen schließen. Diesen Eindruck bestätigt die

---

[4] Vgl. Gradmann (1931), S. 273 und Burkhardt (u.a.) (1988), S. 227.
[5] Vgl. Ebd.

Geologie. Wie oben bereits erwähnt, folgt auf die untere Muschelkalkschicht noch eine dünne Lettenkeuper-Auflage. Diese tonhaltige Schicht dient für die Pflanzen als Wasserspeicher und versorgt die Anbauprodukte mit den wichtigsten Mineralien als Nährstoffe für ihr Wachstum. Daneben hilft die Unterlage aus Muschelkalk den pH-Wert neutral zu halten, so dass die Nährstoffe gut aufgenommen werden können.

Zusammenfassend kann die Hohenloher Ebene als landwirtschaftlicher und ackerbaulicher Gunstraum beschrieben werden. Früher wie heute dient dieser Landschaftsraum auch als Kornkammer für die verschiedenen Ballungsräume.

<u>Industrielle und gewerbliche Nutzung</u>

In den letzten 20 Jahren hat sich der Schwerpunkt der Flächennutuzung eher zu Gunsten der Industrie und des Gewerbes verschoben.

Mit Blick auf den Gewerbepark Hohenlohe lassen sich einige Firmen ausmachen, die sich in den letzten Jahren und Jahrzehnten entlang der Autobahn A6 angesiedelt haben, die als europäische Transversale Ost und West verbindet. Im Folgenden sollen einige Beispiel bennant werden:

Bereits seit den 1950ern Jahren hat das Unternehmen *Gebhardt* seinen Sitz auf der Hohenloher Ebene. Nachdem die ehemals in Stuttgart ansässige Firma im Krieg zerbombt wurde, fand sie im Kochertal einen sicheren Standort für einen Neuanfang. Als das Platzangebot mit der Zeit im Tal sehr begrenzt wurde, entscheid sich das Unternehmen für einen Ortswechsel auf die Hohenloher Ebene. Nach dem Bau der A6 erwies sich diese Entscheidung für die Ventilatorenfirma als großes Glück, da sie nun neben der guten Verkehrsanbindung auch durch den partnerschaftlichen Austausch mit den anderen Firmen einen Aufschwung erlebte.

Ein ähnliches Schicksal teilt die Firma *Ziel-Abegg*, die dem zerstörten Berlin den Rücken kehrte. Als Schutz vor Bombenangriffen wählte sich die Firma den ländlichen Raum als sicheren Produktionsstandort aus. Mitausschlaggebend war auch das Angebot der schwäbischen Firma *Stahl*, die *Ziel-Abegg* erst mobilisierte nach Künzelsau zu kommen um sie dort mit ihren Ventilatoren zu beliefern.[6]

---

[6] Vgl. Kirchner (2009), S.24ff.

Von dort aus stieß *Ziel-Abegg* eine Clusterdynamik an, die zur weltweit größten Dichte an Ventilatorenherstellern führen sollte: Mitte der 50er Jahre gelang dem Unternehmen mit der Erfindung der auf dem Außenläufermotor basierenden Ventilatoren für Raumlufttechnik ein Durchbruch. In den nächsten Jahren und Jahrzehnten entstanden durch die Ausgründung zahlreicher Ventilatorenherstellern ein Aufschwung, der bis heute noch nicht nachgelassen hat. An der Spitze dieser Branche steht heute die Firma *ebm-papst*, die insgesamt 2.600 Mitarbeiter beschäftigt und bereits das Niveau eines Weltmarktführers erreicht hat. In den vergangenen Jahren ist der Cluster noch einmal um mehrer 1.000 Beschäftigte gewachsen.[7]

Das Modell der Clusterbildung wird als typisch für die Region Hohenlohe und Franken angesehen, was sich zu einem späteren Zeitpunkt dieser Arbeit noch einmal am Beispiel der Firma Würth aufzeigen lässt.

Zu diesem Zeitpunnkt lässt sich also festhalten, dass die heute dominierende Industrie, entlang der A6 und im Kocher- und Jagsttal gelegen, prägend für die Region Hohenlohe ist. Dabei nimmt die Zahl der Industriebeschäftigung im Raum immer weiter zu und die Arbeitslosigkeit tendiert gegen Null. Andererseits ist das Potential an einheimischen Arbeitskräften so gut wie erschöpft, was zum Teil einen Fachkräftemangel zur Folge hat.

2.4 Flurformen und Siedlungsstrukturen

Betrachtet man die Flur- und Sieldungsstrukturen, sind kleinere Siedlungstypen, wie Einzelhofsiedlungen und Weiler dominierend. Das Landschaftsbild wird in erster Linie durch verschiedene Gehöftformen und andere Typen bauerlichen Anwesens geprägt, wobei mehrere zusammengelegte Einzelhofsiedlungen charakteristisch für diese Gegend sind.[8] Die landwirtschaftlichen Hauptbetriebsformen können dabei auf Futterbau und Marktfruchtbetriebe beschränkt werden.[9]

Neben zahlreichen Haufendörfern und lockeren Siedlungsformen lassen sich überwiegend Blockflure verzeichnen, was sich durch eine geschlossene Vererbung

---

[7] Vgl. Kirchner (2009), S. 24ff.
[8] Vgl. Schöck/Schöck (1982), S.29.
[9] Vgl. Borcherdt (1986), S.65.

erklären lässt, bei der die Besitztverhältnisse gleich bleiben. Dieser Typ der ländlichen Erbsitten lässt sich insbesondere für die hohenlohischen und fränkischen Landstriche ausmachen.[10]

3. Standort: Schwäbisch Hall

Auf dem Weg von Waldenburg nach Schwäbisch Hall ins Kochertal passieren wir die siedlungsarmen und stark bewaldeten Flächen auf den Keuperbergen. Durch die exponierte Lage der Waldgebiete und Rodungsinseln ist eine landwirtschaftliche Nutzung dieser Räume aufgrund der klimatischen und geologischen Verhältsnisse nur bedingt möglich.

Später in Michelfeld begegnen uns zahlreiche Streuobstwiesen, wobei die Baumstämme starke Schrägstellungen aufweisen. Diese Beobachtung liefert einen Hinweis auf den anstehenden Gipskeuper, da die tonige Gesteinsschicht bei Nässe schnell aufquillt und die Böden so ins Rutschen geraten. Einen weiteren Anhaltspunkt für diesen Gesteinstyp bildet der geplante Gipsabbaustandort, dessen Instandsetzung aber niemals realisiert wurde. Zu Beginn des neuen Jahrtausends führte dieser Raumnutzungskonflikt zu heftigen Diskussionen und Konflikten zwischen den Bürgern, der Gemeinde und den Betreibern. Nach langen Auseinandersetzungen fiel die Entscheidung dann doch zu Gunsten des Erhaltes des Naturraums.

Als nächstes durchkreuzt unserer Fahrt das anstehende Gewerbegebiet „Kerz". Augenscheinlich wurde hier eine Art zweiter Stadtkern entwickelt, da sich die Nutzung eher am Einzelhandel sowie am kurz- und mittelfristigen Bedarf der Kunden orientiert und das Gebiet trotz seiner Isoliertheit eher eine innenstädtische Struktur darstellt. Unter anderem finden sich dort Einrichtungen für die medizinische Versorgung, ebenso eine Vielzahl an Einzelhandelsgeschäften wie beispielsweise zur Damen- und Herrenbekleidung sowie eine bekannte Fastfood-Kette. Anders stellen sich die Verhältsnisse in der benachbarten „Stadtheide" dar. In diesem Gebwerbegebiet dominieren eher die Geschäften des langfristigen Bedarfs und die

---

[10] Vgl. Henkel (1995), S.179. u. Borcherdt (1986), S.49.

industrielle Nutzung der bebauten Fläche. Dort finden sich folglich eher Automobil- und Möbelgeschäfte.

Von der Keuperstufe führt uns die Straße nun immer weiter taleinwärts, bis wir schließlich die Haller Ebenene, Schwäbisch Hall und das Niveau des Muschelkalks erreichen.[11]

In Schwäbisch Hall angekommen, werden uns in den nächsten Stunden mehrere Frage begleiten, die bei den folgenden Ausführungen immer als grundlegend anzunehmen sind. Dazu gehören:

1) Welche Anzeichen für den Reichtum der Stadt können wir entdecken?

2) Wie kam Schwäbisch Hall einst zu seinem Reichtum?

3) Wieso ist die Stadt noch heute so wohlhabend?

3.1 Stadtgeschichte und Baugeschichte am Beispiel des Marktplatzes

Bereits beim Betreten des großen Marktplatzes bleibt das mittelalterliche Ambiente der Stadt dem Beobachter nicht verborgen: Die westliche Marktwand wird dabei vom prunkvollen Rathaus und anderen Häusern mit geschweiften Giebeln eingerahmt. Durch das äußere Erscheinungsbild lassen sich auch Aussagen über die historischen Bauepochen machen, die wiederum Rückschlüsse auf das Alter der Bauwerke zulassen. Bei den Gebäuden, die das Rathaus säumen, lässt sich in diesem Kontext ein deutliches Abrücken vom vertikalen Gebäudebau erahnen. Dementsprechend bilden Gesimse und Halbformen horizontale Abschlüsse der einzelnen Geschosse. Dieser Baustil stellt einen Abschluss nach oben da und geht mit einer Diesseitsorientierung einher, die vor allem der beginnenden Neuzeit, also der Epoche der Rennaissance, ab 1500 zugeschrieben werden kann. Allerdings lässt sich das aufwendige Schmuckwerk an den Fassaden eher der Gotik und die geschwungenen Bogenformen wiederum der Epoche des Barock zuordnen.

---

[11] Vgl. Burkhardt (u.a.) (1988), S.227.

Abb. 4: Schwäbisch Haller Rathaus

Das Rathaus selbst besteht aus einer Mansarde, einem zweigeteilten Dach. Vorspringende Halbsäulen, ein runder, ovaler Grundriss, die Ocker- und Rottöne der Fassade sind in erster Linie Gestaltungsmerkmale des Barock. Epitafe und Schneckenformen (Voluten) dienen als Verschönerung und Abrundung der Außenwände.[12]

Auf der gegenüberliegenden Seite des Marktes thront die St. Michaels Kirche, die durch ihre gottesfürchtige und nach oben geöffnete Bauweise dem Hochmittelalter zugeordnet werden kann. Die vertikale Bauform kulminiert mit einem schmalen Kirchenschiff und Rundbogenfenstern im Turm. Dies lässt sich als ein Hinweis darauf intepretieren, als dass der Bau der Kirche bereits im 12. Jahrhundert begonnen haben muss und die schmalen, spitzen Fenster der Gotik, die an anderer Stelle zu sehen sind, erst zu einem späteren Zeitpunkt des Bauvorgangs in das Gebäude eingefügt wurden. Die Kirche wurde tatsächlich nach längerer Bauzeit im Jahre 1256 eingweiht und umspannt somit die Epochen der Romanik (ca. 10.-12. Jahrhundert) und der Gotik (ca. 12-13. Jahrhundert).

Südlich der Marktwand befinden sich hauptsächlich Fachwerkhäuser, die mit bis zu sieben Stockwerken hoch aufragen. Bei diesen Gebäuden lassen vor allem die

---

[12] Vgl. Krüger (1953), S.78 u. 79.

unterschiedlichen Verbindungstechniken Rückschlüsse auf Bauepoche und Alter zu. Dabei wird zwischen Verplattung und Verzapfung der Streben unterschieden. Die Verplattung ist die ältere von beiden und wurde im Mittelalter praktiziert. Diese Technik wird dann ab dem 16. Jahrhundert von der Verzapfung abgelöst.[13] Aufgrund dieser Erkenntnisse lassen sich die Fachwerkhäuser, die den Marktplatz in südlicher Richtung säumen, auch aufgrund ihrer aufragenden Bauweise der Neuzeit zuschreiben.

Zusammenfassend kann also festgehalten werden, dass der Marktplatz mit seinen umstehenden Gebäuden baugeschichtlich vor allem der Neuzeit und speziell dem Barock zugeordnet werden kann.

3.2 Der Schwäbisch Haller Markt

Neben den beeindruckenden Gebäuden zählt auch der Markt selbst zu den wichtigen Faktoren, die den Reichtum einer Stadt auszeichnen. Ausschlaggebend für eine wohlhabende Stadt im Mittelalter war nämlich auch ihre vielfältige Marktstruktur. Dazu gehörten neben dem „grünen Markt" auch Holz-, Ton- und Schweinemärkte.

Im Zuge unserer Exkursion führen wir zur Erkundung der Marktstruktur eine Kartierung des Marktgeländes sowie Befragungen mit Verkäufern und Kunden durch. Um den Rahmen dieser Arbeit nicht zu sprengen, sollen im Folgenden die Befragungen nur mit den wichtigsten Kernaussagen aufgeführt werden.

<u>Befragung der Anbieter</u>

Zur Befragung wenden wir uns an einen kleineren Marktstand, an dem verschiedene Käsesorten, frische Eier und Honig angeboten werden. Im persönlichen Gespräch ergeben sich folgende Aspekte:

- Die Anbieterin kommt aus der näheren Umgebung von Schwäbisch Hall (Rosengarten) und betreibt zusammen mit ihrer Familie einen kleineren, agrarwirtschaftlichen Betrieb mit Milchviehwirtschaft in dritter Generation.
- Jeden Samstag kommt die ältere Dame auf den Markt, um ihre Erzeugnisse aus eigener Herstellung zu verkaufen.

---

[13] Vgl. Bedal (1988), S.12f.

- Dabei wechselt das Angebot nur selten, da sich die Verkäuferin auf den Verkauf der oben genannten Produkte beschränkt, um ihren Kunden ein gleichbleibendes und verlässliches Produktangebot garantieren zu können.
- Mit dem Standort ihres Marktstandes ist sie sehr zufrieden, da dieser immer gut besucht ist und es ihrer Meinung nach zur Tradition der Schwäbisch Haller gehört, jeden Samstag den Markt aufzusuchen
- Die Waren, die doch nicht verkauft werden konnten und länger haltbar sind, werden dann zu Beginn der neuen Woche im eigenen Hofladen angeboten
- Nach eigenen Aussagen sei das Kosten-Nutzen-Verhältnis des Marktverkaufs zufriedenstellend.

<u>Befragung der Kunden</u>

Bei der Kundenbefragung treffen wir auf ein älteres Ehepaar, das bereits vollbepackten Einkaufstaschen mit sich trägt. Folgende Aspekte erachten wir als wichtig:

- Das Ehepaar nimmt den weiten Weg von Augsburg auf sich und besucht, so oft es geht, den Schwäbisch Haller Markt.
- Aus diesem Grund können sie aber nicht zu den Stammkunden gezählt werden, da sie den langen Anreiseweg mit dem Auto nur einmal im Monat auf sich nehmen können.
- Besonders werden beim Einkauf die Frische und regionale Qualität der Waren geschätzt. Darin sieht das Ehepaar auch den Vorteil gegenüber der Supermarktware.
- Bei ihrem Rundgang durch den Markt laufen sie nicht immer die gleichen Verkaufsstände an, sondern orientieren sich jedes Mal nach den besten Angeboten der verschiedenen Anbieter.
- Dadurch, dass diese Kunden sich immer für das Angebot mit dem besten Preis-Leistungs-Verhältnis entscheiden, erachten sie die Marktpreise als akzeptabel und angemessen.

Generell kann festgehalten werden, dass auf dem Markt hauptsächlich Produkte aus der landwirtschaftlichen Erzeugung regionaler Anbieter zum Verkauf stehen. In erster Linie werden Gemüse- und Obstwaren, sowie Backwaren und frische Eier angeboten. Deswegen lässt sich der Markt auch als „grüner Markt" beschreiben. Die

Kunden schätzen vor allem die garantierte Frische der Produkte und die Qualität, die aus dem regionalen Anbau resultieren. Deswegen nehmen sie auch vergleichsweise teurere Produkte in Kauf, wenn dafür die Qualität stimmt.

Auf der folgenden Seite ist eine Lagerskizze des Schwäbisch Haller Marktes abgebildet. Zur visuellen Unterscheidung sind die einzelnen Marktstände durch verschiedene Farben und Buchstaben gekennzeichnet. Das Kreuzsymbol verweist dabei auf den Marktstand, bei dem unsere Anbieterbefragung durchgeführt wurde.

Kartierung des Marktes

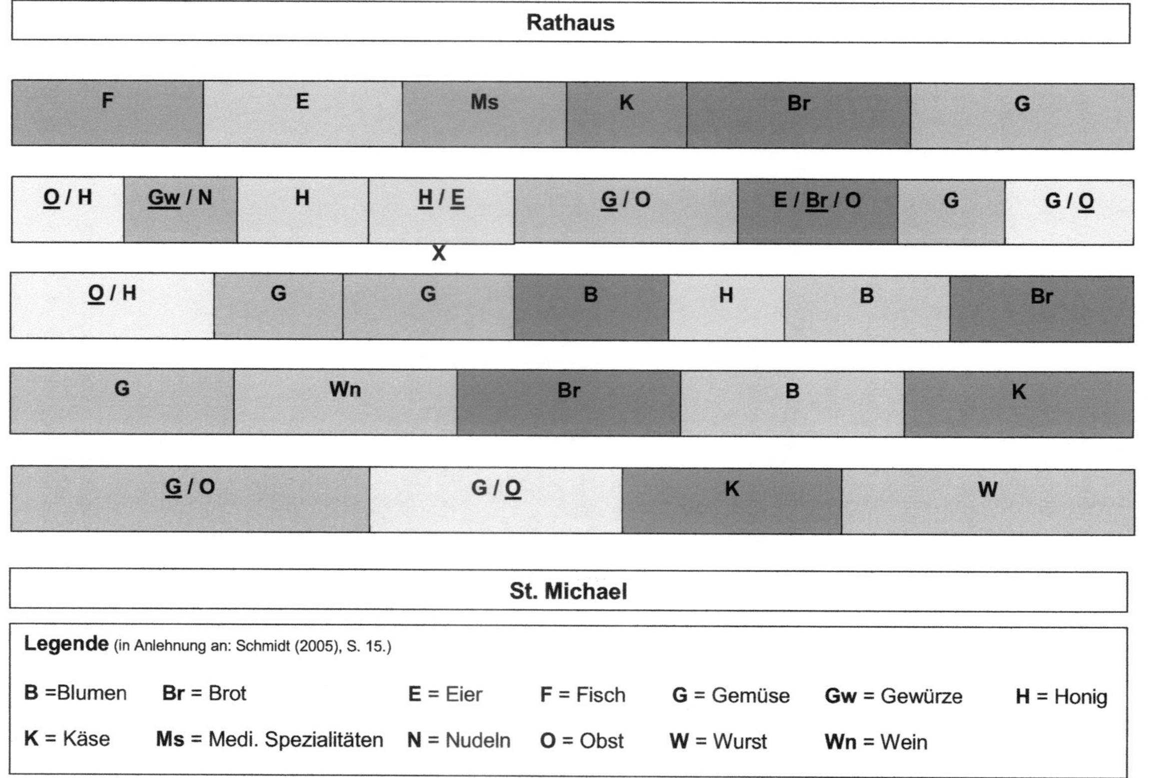

Legende (in Anlehnung an: Schmidt (2005), S. 15.)

B =Blumen   Br = Brot   E = Eier   F = Fisch   G = Gemüse   Gw = Gewürze   H = Honig

K = Käse   Ms = Medi. Spezialitäten   N = Nudeln   O = Obst   W = Wurst   Wn = Wein

3.3 Solegewinnung und Salzhandel

Auf dem Weg vom Marktplatz in Richtung „Haalbrunnen" passieren wir im alten Stadtkern einige Fachwerkhäuser, an deren Beispiel die damalige Bauweise noch einmal nachvollzogen werden kann. Besonders gut zu beobachten sind dabei die schmalen Gässchen, in die die Häuser mit jedem weiteren Stockwerk stärker hineinragen. So war es möglich, mit jedem Geschoss mehr Platz für Innenräume zu gewinnen, ohne die Gassen für Fuhrwerke zu blockieren.

Am Salzbrunnen angekommen, beschäftigen wir uns mit der Vergangenheit Schwäbisch Halls, wobei die Gewinnung von Salz aus dem Gesteinsuntergund in den Fokus unserer Besprechung rückt. Die Salzgewinnung war bis in das 19. Jahrhundert wirtschaftliche Grundlage der Stadt, nicht nur für die Salzsieder selbst, sondern auch für zahlreiche Handwerker, Taglöhner, Fuhrleute und Händler. Gewonnen wurde das Salz im Haal (heute: Haalplatz) durch das Erhitzen des aus dem Haalbrunnen geschöpften, salzhaltigen Wassers (Sole) in Eisenpfannen, die in den Siedehütten standen.[14]

Abb. 5: Haalbrunnen

An dieser Stelle kann neben dem Tourismus und der guten Einzelhandelsstruktur von Schwäbisch Hall nun auch ein historischer Grund für den Wohlstand der Stadt hinzugefügt werden. Denn bereits die Kelten entdeckten 500 v. Chr. diese Ressource, was auch ausschlaggebend für deren Ansiedelung in der Region war.

---

[14] Vgl. Simon (1995), S.10.

Die Entstehung der Salzquelle hängt eng mit dem Salzgehalt der anstehenden Gesteinsschichten zusammen. Dabei löst das in den oberen Muschelkalk einsickernde Wasser im mittleren Muschelkalk Salz auf. „Das salzhaltige Grundwasser steigt im Bereich der Vorflut durch die Talkiese nach oben. Es tritt dann entweder als Solequelle aus oder kann in relativ flachen Brunnen gefördert werden."[15] So belegt die Salzgewinnung von der Keltenzeit bis ins 19. Jahrhundert den Grund für den Reichtum der Stadt.

Im Zusammenhang mit der keltischen Landnahme kann auch ein Blick auf die allgemeine Siedlungsgeschichte der Stadt geworfen werden. Dabei ist vor allem auffällig, dass aufgrund fehlender römerzeitlicher Funde nicht von einer durchgängigen Besiedelung ausgegangen werden kann. Nach den Kelten folgten Alemannen und Franken. Auch in der Siedlungsgeschichte lassen sich Anzeichen für den städtischen Wohlstand finden. Die Comburg, ein ehemaliges Benediktiner-kloster, wurde schon früh von den Grafen von Limburg besiedelt, die hochgestellte Ämter, wie das Amt des Mundschenkens innehatten. Im Zuge ihres regionalen Aufstiegs wollte das Adelsgeschlecht auch die Stadt Schwäbisch Hall unterstellen. Die Bürger der Stadt wehrten sich derart gegen diese Übernahme, dass die Stadt schlussendlich zu einer freien Reichsstadt erklärt wurde. Dadurch unterstanden die Haller nur dem König, wodurch Schwäbisch Hall wirtschaftliche Freiheit erlangte, was den Aufschwung der Stadt beschleunigte. So verhalf auch der Status einer Freien Reichsstadt Schwäbisch Hall zu Wohlstand und Reichtum.

3.4 Katharinenvorstadt und Kocher-Arkaden

Als nächstes führt uns unsere Erkundung über den Kocher hinweg in das Stadtviertel Katharinenvorstadt. Das Viertel war die dritte großflächige Stadterweiterung, die im 14. Jahrhundert vorgenommen wurde. Die Bebauung entwickelte sich zeilenartig entlang der Hangkante am südlichen Ufer des Kochers. Seit mehreren Jahren verfolgt die Stadt Schwäbisch Hall die schrittweise Sanierung und Aufwertung des ehemaligen Gerberviertels.[16]

---

[15] Simon (1995), S.7.
[16] Vgl. Krüger (1953), S. 42 u. 43.

Auf der anderen Kocherseite angekommen, besuchen wir den Neubau der „Kunsthalle Würth", die ein gelungenes Beispiel der Aufwertung des Stadtviertels darstellt. Die Verwendung von regionalen Bausteinen und die Sanierung des alten Brauereigebäudes zeugen von einer Besinnung auf die Region und die Identität der Stadt.

Auf dem Weg zurück in die Innenstadt fällt beim Blick über den Kocher vor allem ein wuchtiges und hoch aufragendes Gebäude auf: Die alte Zehntscheuer, die überdimensional groß über der Stadt aufragt. Neben zahlreichen, aufwendigen Verzierungen der umliegenden Fachwerkhäuser im ehemaligen Gerberviertel findet sich hier einmal mehr ein klares Indiz für den großen Reichtum der Stadt Schwäbisch Hall.

Nach einem kurzen Abstecher an die Stadtmauer, die mit ihren zahlreichen Türmen und Durchgängen einst die reiche Stadt vor unerwünschten Eindringlingen schützte, gelangen wir vorbei am alten, barocken Spital zu den neu gebauten „Kocher-Arkaden". Auf dem Areal der ehemaligen Justizvollzugsanstalt wurde im Jahr 2009 ein modernes Einkaufszentrum mit Wohnungen und Tiefgaragen errichtet. Die denkmalgeschützten Gründungsanlagen wurden dabei miteinbezogen. Wie in einem zweiten Stadtkern bieten hier vor allem Einzelhändler der Textilbranche ihre Waren zum Kauf an.

Die Kocher-Arkaden, die weitläufige, innenstädtische Einzelhandelsstruktur sowie das Gewerbegebiet „Stadtheide" unterstreichen die überregionale Bedeutung, die der Stadt Schwäbisch Hall zukommt und die in den vergangenen Ausführungen auch immer wieder deutlich zum Vorschein gekommen sein sollte.

Neben dem ausgeprägten Einzelhandel verhelfen auch die Bausparkasse „Schwäbisch Hall", das evangelische Diakoniewerk, das Landratsamt sowie das Großunternehmen „Telekom" und andere Industrieunternehmen mit ihren insgesamt über 15.000 Arbeitsplätze in der Region, der Stadt Schwäbisch Hall zu ihrem Wohlstand. Zudem kann sich die Stadt auch als Hochschulstandort ausweisen, was die überregionale Bedeutung der ehemaligen Reichsstadt noch heute unterstreicht.

4. Standort: Künzelsau

Schon bei der Fahrt nach Künzelsau begegnen uns die Unternehmen wieder, die die Region seit mehreren Jahrzehnten prägen und denen der Aufstieg des Raum Hohenlohe als Wirtschafts- und Industriestandort überhaupt zuzuschreiben ist. Dazu gehören neben der *Würth* vor allem die Unternehmen *Ziel-Abegg, Rosenberg* und *Gebhardt*. Man findet hier eine erstaunliche Konzentration von Weltmarktführern vor. Dies lässt sich in erster Linie durch die für die Region typische Clusterbildung erklären. Dabei entwickelt sich aus einem Mutterunternehmen durch Verselbstständigung und Firmenneugründungen ein ganzer Industriezweig. Idealerweise sind diese Firmen und Unternehmen meist sehr gut miteinander vernetzt und beliefern sich so gegenseitig. Die Clusterregion im Hohenlohischen zählt 29 Unternehmen, wobei nur eines sich weiter in Richtung Heilbronn bewegt hat.

Hohenloher Montage- und Befestigungscluster

Dieser Prozess soll nun anhand der Clusterbildung der Hohenloher Montage- und Befestigungstechnik beispielhaft umrissen werden:

Die deutsche Schraubenindustrie hat ihren Ursprung im Saarland, das sich im 19. Jahrhundert zum Zentrum der Schraubenherstellung entwickelte. Die Konzentration dieses Industriezweigs auf das Saarland ergab sich aus der guten Rohstoffversorgung aus den rheinisch-westfälischen Industriegebieten.

Ein anderes Bild zeigte sich im Hohenlohischen. Damals war die Landwirtschaft dominierender Sektor. Die ungünstige Verkehrslage und fehlendes Rohstoffvorkommen machten die Hohenloher Ebene zu einem suboptimalen Standort für aufstrebende Unternehmen. Eine Ausnahme bildete ein traditionsreicher Mühlenbetrieb im Kochertal in Ernsbach, der mit seinen verschiedenen Produktionsrichtungen den entscheidenden Ausschlag für einen wirtschaftlichen Aufschwung der Region geben sollte.

Nachdem der traditionelle Mühlenbetrieb Ende des 19. Jahrhunderts zum Erliegen gekommen war, nahmen sich zwei wirtschaftlich erfahrene Männer der alten Mühle an: Hermann Ruhnau, seines Zeichens Reisender der Schraubenindustrie und der Eisenmöbelfabrikant Carl Arnold aus Stuttgart. Die Initialzündung für die Industrialisierung des Hohenlohekreises gelang den beiden mit der Gründung der Firma L. & C. *Arnold*, die sich der Herstellung von Holzschrauben verschrieben hatte.

Der nächste Schritt in Richtung des sagenhaften Aufstiegs des Montage- und Befestigungs-Clusters durch den Schraubenhandel gelang den Brüdern Reisser, von denen Gotthilf Reiser bereits bei der Firma *Arnold* gelernt hatte und sich 1921 mit seinen Brüdern selbstständig machte. Die Gründung ihrer Eisenwarengeschäfte erfolgte in Künzelsau, Schwäbisch Hall und Öhringen. Aus diesem Unternehmen gingen nach dem zweiten Weltkrieg durch Neugründungen drei weitere Unternehmen hervor: Darunter auch die Großhandelsfirma für Schrauben und Muttern von Adolf Würth, der wiederum selbst bei der Firma Reisser angestellt war. Nach dessen frühem Tod, übernahm sein Sohn Reinhold Würth das aufstrebende Unternehmen. Unter seiner Führung erlebte das Unternehmen immer größeren wirtschaftlichen Aufschwung und gehört heute zum weltweit größten Handelshaus für Schrauben und Verbindungselemente. Parallel dazu entwickelte sich rund um die Firma Würth ein enormes Wachstum des gesamten Industriezweigs der Montage- und Befestigungsbranche im Raum Hohenlohe. Das Firmenwachstum wurde so immer wieder durch Ausgründungen (Spin-offs) ehemaliger Mitarbeiter oder Tochtergründungen vorangetrieben.[17]

Dieses Muster der Ausgründungen führte zu weiteren Vernetzungen branchenähnlicher Firmen im gesamten Hohenlohekreis. Durch diesen Struktur- wandel vom landwirtschaftlichen zum industriellen Gunstraum „hat sich Hohenlohe neben dem Sauerland zur zweiten wichtigen Standortregion der Verbindungsteile-Industrie entwickelt."[18] Bis heute ist dieser Prozess noch nicht abgeschlossen. Der Aufstieg der Schrauben- und Beschäftigungsbranche ist mit insgesamt 30.000 Arbeitsplätzen noch nicht beendet. Gerade in den letzten Jahrzehnten haben viele Firmenneugründungen das Wachstum beschleunigt und den Hohenloheraum als günstigen Wirtschaftsstandort bestätigt.

---

[17] Vgl. Kirchner (2009), S.38 u. Kirchner (2011).
[18] Kirchner (2009), S. 39.

Abb. 6: Würth Zentrale in Künzelsau

Bestes Beispiel für den kometenhaften Aufstieg der Schrauben- und Befestigungsindustrie ist die Firma *Würth*. Allein in Künzelsau beschäftigt der Branchenführer über 3.000 Mitarbeiter. Die Erfolgsfaktoren beim Unternehmen bestehen in einer schnellen und punktgenauen Belieferung, dem Bemühen um weltweite Kunden sowie den zahlreichen Außendienstmitarbeitern, die es *Würth* ermöglichen, Firmen auch direkt vor Ort mit ihren Produkten zu versorgen. Das Wachstum der Würth Gruppe ist noch längst nicht abgeschlossen und weitet sich auch immer mehr in andere Bereiche wie beispielsweise der Solartechnik aus.

5. Standort: Ingelfingen

Auf der Fahrt von Künzelsau nach Ingelfingen zeigt sich wiederholt eine asymetrische Nutzung der Hänge im Kochertal. Wie schon zuvor an der Keuperstufe beobachtet, werden die der Sonne zugewandten Hänge auch hier zum Wein- und Sonderkulturanbau genutzt. Die Weinberge haben einen Untergrund aus Muschelkalk und sind deshalb gut zum Anbau geeignet. Die bewaldeten Hänge mit weniger Sonnenlichteinstrahlung sind zumeist unberührt. Auffällig ist das Ventil-Mess- und Riegeltechnikcluster, welches das Kochertal bis nach Forchtenberg durchzieht.

In Ingelfingen selbst stoppen wir in der Nähe des Friedhofs, um dort einen seltenen Blick auf die Bundsandsteinschichten werfen zu können, die dort in einem Gesteinsaufschluss zu Tage treten. In der Talsohle des Kochertals glänzt der obere Teil des Sandsteins rot. Das Gestein lässt sich der Konsistenz nach eher einem porösen Tongestein zuordnen, was ihm auch wegen seiner besonderen Schichtung den Namen „Bröckelschiefer" eingebracht hat.

An dieser Stelle tritt der Sandstein besonders hervor, da er hier höher aufgewölbt ist, als in den restlichen Bereichen des Kochers und der Jagst, die als Hauptzerschneider der Hohenloher Ebene charakterisiert werden können.

6. Standort: Krautheim

Als letzte Station fahren wir an diesem Tag den so genannten „Krautheimer Kuharsch" an. Dieser derbe Name lässt dabei kaum vermuten, dass es sich dabei um ein sehr seltenes und besonderes geologisches Phänomen handelt.

Abb. 7: Der „Krautheimer Kuharsch"

Nach ein paar Laufschritten durch den Wald erreicht man die Stelle, an der das Wasser als Quelle aus der Muschelkalkschicht austritt. Der Kalk, der im Wasser gelöst aus der Gesteinsschicht heraus nach außen transportiert wird, trifft auf das anstehende Moos und wird dort ausgefällt. Ähnlich wie bei Sinterterrassen verkalkt und versteinert das Moos und lässt eine Art Stufengebilde entstehen. Dort, wo das tropfende Wasser den Waldboden erreicht, fließt das Wasser hangabwärts und hat sich im Laufe der Zeit eine Art eigene Fließbahn geschaffen, die vom ausgefällten Kalk immer weiter nach oben aufgeschüttet wird und daher der Form einer Murmelbahn ähnelt. Der rezente Vorgang ist ein anschauliches Beispiel für die Dynamik der Natur.

Nach einer ansprechenden Fahrt über Forchtenberg und erreichen wir in Öhringen die Autobahnauffahrt und begeben uns auf die Heimfahrt an die Pädagogische Hochschule in Ludwigsburg.

Literaturverzeichnis

Bauer, E.W. (u.a) (1986): Unser Land Baden-Württemberg. Theiss: Stuttgart.

Bedal, K. (³1988): Häuser aus Franken. München.

Borcherdt, C. (Hrsg.) (1986): Geographische Landeskunde von Baden-Württemberg. Kohlhammer: Stuttgart.

Burghardt, H. (u.a.) (1988): Baden-Württemberg. Eine Heimat- und Landeskunde. Klette: Stuttgart.

Gradmann (1931): Süddeutschland. 2. Bde. J. Engelhorns Nachf.: Stuttgart. (Unveränderter Nachdruck 1964).

Henkel, G (²1995): Der ländliche Raum. Bornträger: Stuttgart.

Kirchner, P. (2011): Cluster-Region Heilbronn-Franken. Regionalkultur: Ubstadt-Weiher.

Krüger, E. (1953): Die Stadtbefestigung von Schwäbisch Hall. Eppinger Verlag: Schwäbisch Hall.

Schöck, G./Schöck, I. (1982): Häuser und Landschaften in Baden-Württemberg. Kohlhammer: Stuttgart.

Abbildungsverzeichnis

Abb.1: Stufenfolge der Hohenloher Ebene

Quelle: Eigene Darstellung in Anlehnung an: Burghardt (u.a) (1988), S. 227.

Abb. 2: Waldenburg mit Stadtanlage

Quelle: <http://www.burgenstrasse.de/upmedia/Waldenburg_Luftaufnahme.jpg>
[Eingesehen am: 12.07.11]

Abb.3: Blick auf die Hohenloher Ebene

Quelle: <http://www.g-pospiech.de/Bildergalerie2/hohenloher-ebene.jpg.html>
[Eingesehen am: 12.07.11]

Abb. 4: Schwäbisch Haller Rathaus

Quelle: <http://www.schwaebischhall.de/typo3temp/pics/afa7ba145d.jpg>
[Eingesehen am: 12.07.11]

Abb. 5: Haalbrunnen

Quelle: <http://www.schwaebischhall.de/uploads/pics/DIG_00_412_Haalbrunnen_W-Seite_2009.jpg> [Eingesehen am: 12.07.11]

Abb. 6: Würth Zentrale in Künzelsau

Quelle: <http://www.wuerth.at/files/pics/presse/300dpi/wuerth_zentrale_kuenzelsau_big.jpg> [Eingesehen am: 12.07.11]

Abb. 7: Der „Krautheimer Kuharsch"

Quelle: <http://www.das-finkenhaus.de/bilder/0000009cab107dd03/d013.html>
[Eingesehen am: 12.07.11]